一个不能日日精进的人，
就是在背叛自己的梦想；
一个不断自我超越的人，
就是在呵护自己的梦想。

rì jīng jìn

日精進

初心卷

成杰 著

四川人民出版社

图书在版编目（CIP）数据

日精进.初心卷 / 成杰著. — 成都：四川人民出
版社, 2019.12
ISBN 978-7-220-11567-7

Ⅰ.①日… Ⅱ.①成… Ⅲ.①成功心理–通俗读物
Ⅳ.①B848.4–49

中国版本图书馆CIP数据核字(2019)第264086号

RIJINGJIN CHUXINJUAN

日精进·初心卷

成　杰　著

责任编辑	邹　近　陈　欣
封面设计	张　玉
版式设计	戴雨虹
责任校对	舒晓利
责任印制	李　剑
出版发行	四川人民出版社（成都槐树街2号）
网　　址	http://www.scpph.com
E-mail	scrmcbs@sina.com
新浪微博	@四川人民出版社
微信公众号	四川人民出版社
发行部业务电话	（028）86259624　86259453
防盗版举报电话	（028）86259624
照　　排	四川胜翔数码印务设计有限公司
印　　刷	安徽印网通印刷有限公司
成品尺寸	150mm×210mm
印　　张	8
字　　数	100千
版　　次	2019年12月第1版
印　　次	2019年12月第1次印刷
印　　数	1—300,000册
书　　号	ISBN 978-7-220-11567-7
定　　价	98.00元

精進

成傑智慧心語

一個不懈日日精進的人
就是在背叛自己的夢想
一個不斷自我超越的人
就是在呵護自己的夢想

戊戌之宏濤

成杰日精进

得其利者，

必承其重。

心小则事大，

心大则事小。

念头是种子，

行动是扎根。

行动大于计划，

兑现大于承诺。

人生没有如果，

人生只有结果。

拥有并不等于享有，

享有不一定要拥有。

我的生命与生俱来，

拥有无限的可能性。

人生有正确的方向，

才会有光明的未来。

只要坚持做对的事情，

结果迟早都会好起来。

熟能生巧，巧能生精，

精能生妙，妙能入道。

得到就是失去的开始，

失去就是拥有的结束。

苦难是人生最好的修行，

让生命变得更加的通透。

机会总留给有实力的人，

用实力赢得别人的尊重。

你能托起多少人的生命，

就能赢得多少人的追随。

山不辞土，故能成其高；

海不辞水，故能成其深。

只有在泥土中深根百丈，

才会在蓝天中际会风云。

拥有了梦想，就拥有希望；

拥有了梦想，就拥有方向；

拥有了梦想，就拥有力量。

做自己所说，说自己所做。

做是为了更有资本地去说，

说是为了让自己做得更好。

没有结果，讲得再好，都不好；

有了结果，讲得不好，都很好。

简单的事情重复做，就是专家；

重复的事情用心做，就是赢家。

 家庭的幸福在于：夫妻同修。

家族的幸运在于：全员同行。

 所有成功的人生，

都是一个又一个梦想实现的叠加。

 每一段不努力的时光，都是对生命的辜负。

 我的心中有一个圣人，从今天开始将他唤醒。

人生最大的危机就是：

你的收入大过了你的能力；

人生最大的挑战就是：

你的权力高过了你的格局；

人生最大的风险就是：

你的知名度大过你的实力。

我愿意被有智慧、有胸怀、有格局、

有境界、有追求、有担当、有慈悲之

心的人所影响；

我愿意做好自己，日日精进，向上向

善，去帮助、影响和成就我所遇到的

每一个生命。

向上向善的力量

每日求知为智，内心丰盛为慧。

日有所学，月有所获，年有所成。

当我们把学习、成长、精进和自我超越变成一种习惯的时候，我们的生命就会拥有一种向上向善的力量。

正是这种力量在无形中引领我们进入大美丰盛的人生轨道。

人生可以不成功，

但人生不能不成长。

成长是迈向成功的必经之路。

因为，

没有成长的成功，是碰巧的成功；

没有成长的成功，是偶然的成功；

没有成长的成功，是短暂的成功；

没有成长的成功，是运气的成功。

唯有成长之后的成功，才会持续，才会永恒。

今天无数的人都在努力追求成功，追求名利，却只有极少数的人能静下心来追求自己内在的成长和精进。

2018年4月，我受邀到波司登集团为2000余位中高层管理者做培训。

在开场时，我讲道："一个人外在的成功和成就，是他内在成长和成熟的显现。"

波司登是一家历经43年成长与发展的中国民营企业，从11个农民工、8台缝纫机，成长为今天畅销全球72国的世界品牌。

正是波司登董事长高德康的成长、精进与持续不断的自我超越，以及全体波司登人艰苦奋斗、勇争第一的精神，才创造了今天的辉煌成果。

高德康董事长正带领波司登人向着更高、更远的目标——"百年品牌·千亿梦想"前行，这就是日日精进，向上向善的力量。

《日精进·道心卷》一书自2015年出版以来，深受广大读者朋友的喜爱，现已畅销百万册。

2017年底，《日精进·初心卷》已经完稿，可是我总觉得远不够完美，不够极致。于是反复修改，时常润色，或许这就是一种精进的态度。经过两年的努力，本书今天终于与大家见面了，真诚地希望它能得到大家的喜爱。

日日行，不怕千万里；

常常做，不怕千万事。

让我们一起坐而论道，起而践行。

让我们一起成为"日日精进，向上向善"的践行者。

成杰 · 2019年11月15日

勇闯上海滩追逐梦想十三周年

目 录

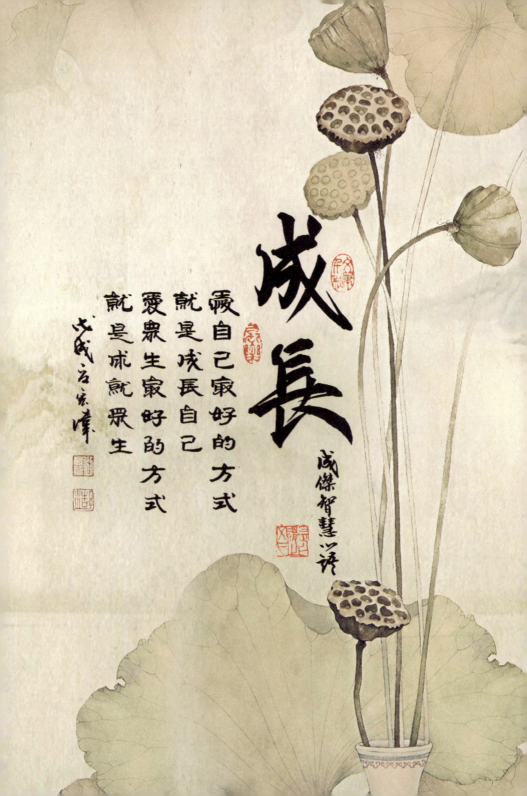

成長

爱自己家好的方式
就是成长自己
爱众生家好的方式
就是成就众生

成傑智慧心語

成长永远比成功更重要。

什么是成功？
就是今天比昨天更有智慧，比昨天更慈悲，
比昨天更懂得爱，比昨天更懂得生活的美，
比昨天更懂得宽容别人。

成功的人就是"日日精进""向上向善"的人。

含泪播种的人，
必能含笑收获。

@小李肥刀

穷人因书而富，

富人因书而贵。

问题就是礼物，

问题就是课题。

合理地安排时间，

就等于节约时间。

含泪播种的人，

定能含笑收获。

人生要懂取舍，

人生要知进退。

思考问题的品质，

决定了人生的品质。

学习是智慧的升华，

分享是生命的伟大。

做热爱并擅长的事，

便是最美好的人生。

把时间用在学习上，

把心思用在工作上。

数百年世家无非积德，

第一件好事还是读书。

人生伟大事业的建立，

不在能知，而在能行。

读书会让你拥有智商，

读人会让你拥有情商。

生命之灯因热情而点燃，

生命之舟因拼搏而前行。

坚持学习的人学到知识，

坚持练习的人学到本领。

付出有多少结果会说话。

结果是永远不会骗人的。

学习是最好的"转运术"，

学习是身心灵的度假，

学习是最好的心灵美容。

你能够承担多大的责任，

你就能享受多大的荣耀。

人生只有做好该做的事情，

才有机会做我想做的事情。

拥有梦想只是一种智力，

实现梦想才是一种能力。

积极思考成就积极人生，

消极思考造成消极人生。

危机对于弱者来讲是灾难，

危机对于强者来讲是机会。

人生只有承担更大的责任，

才能有更大的成长和成功。

生命的目的不仅仅是成功，

生命的目的更是成长和分享。

书卷中得智慧，

阅读是与古今圣哲相往来。

人生任何的限制，

都是从自己的内心开始。

把语言化为行动，

比把行动化为语言困难得多。

把学习变成人生的一种习惯，

把学习变成生命中的一部分。

不为学习成长付学费的人，

将会为失败付出更大的代价。

教育改变一个人的思维模式，

训练改变一个人的行为模式。

人生所有外在的成功和成就，

都是内在成长和成熟的显现。

我人生所走过的每一段路，

未来都会精彩地呈现给这个世界。

一个人最大的幸运，

莫过于在他的人生中途，

即在他年富力强的时候，发现了自己的使命。

凡事要三思，

但比三思更重要的是三思而行。

行动是治愈恐惧的良药，

而犹豫、拖延将不断滋养恐惧。

多读书不一定立马能带来财富，

多读书会给我们带来更多机会。

我们要向比自己优秀的人学习，

我们不要和比自己差的人计较。

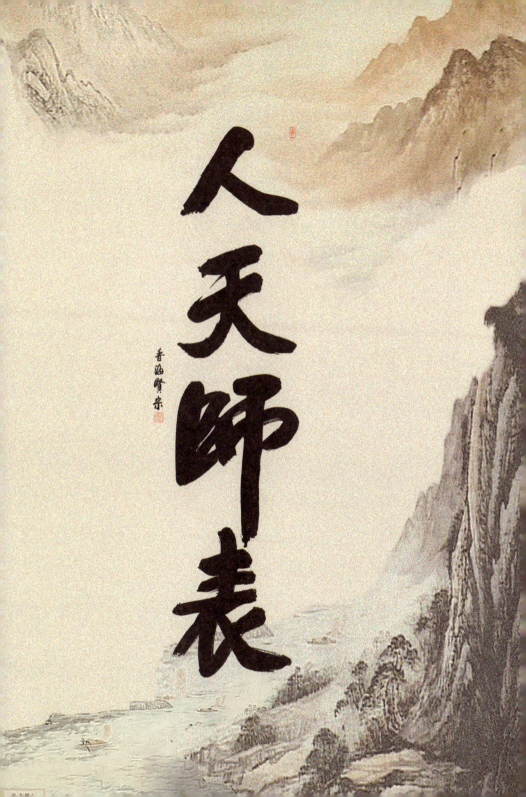

当学习像空气一样无处不在时，

它就会时刻滋养着我们的生命。

成长只是一种手段，并非最终的目的。

成长只是一种让生命变得更好的手段。

当我们把小事情做到极致的时候，

"老天爷"就会给我们大机会。

构成我们学习最大障碍的是已知的东西，

而不是未知的东西。

梦想的大小，决定你成长的快慢；

格局的大小，决定你成就的高低。

人生最大的快乐，莫过于成长自己；

人生最大的成就，莫过于成就众生。

重复建立事实感，重复构建画面感。

我要成为一个有内容可说的巨海人，

我要成为一个有内涵修养的巨海人，

我要成为一个有文化学识的巨海人，

我要成为一个有思想境界的巨海人，

我要成为一个有精神追求的巨海人，

我要成为一个成就同仁、造福客户、正念利他的巨海人。

高手是一付出就开始得到，

普通人是一索取就开始失去。

人生成功的关键就是：找到对的人来合作。

人生幸福的关键就是：找到对的人来生活。

一个人只有成熟，他才懂得去担当；

一个人只有担当，他才会更有魅力。

读圣贤书行仁义事

立修齐志存忠孝心

戎杰智慧心语

戊戌年秋於文渊阁

李俊平

每天进步1%，就是迈向卓越的开始。

积极的人在每一次忧患中都看到机会；

消极的人在每一次机会中都看到忧患。

路是脚踏出来的，历史是人写出来的。

人的每一步行动都在书写自己的历史。

人生只有做对的事，才会有好的结果；

人生只有做困难的事，才会有所收获。

一个有水平的人，怎么能允许自己不出成绩；

一个有水平的人，怎么能允许自己做得不好。

以心為師

香海順宗

聪明的人决不等待机会，

而是攫取机会，运用机会，征服机会。

人生在成功之前，要相信自己无所不能；

人生在成功之后，要知道自己一无所能。

普通人喜欢看价格，高手总是会看价值；

普通人喜欢慢慢来，高手直接进入核心。

挫折其实就是：迈向成功所应缴的学费。

今天我们所有的学习、成长、精进和蜕变，

都是为了"艳遇"明天生命中更好的自己。

只有一条路不能选择，那就是放弃的路；

只有一条路不能拒绝，那就是成长的路。

年轻的时候，我们播下什么样的种子；

年老的时候，我们便会收获什么样的果实。

这个世界上没有谁富有得不要别人的帮助，

也没有谁贫穷得不能在某方面给别人帮助。

能够拥有美好人生的资本，

唯有学识和能力，这两者都是没有尽头的。

少而好学，如日出之阳；

壮而好学，如日中之光；

老而好学，如炳烛之明。

先知三日，富贵十年。

一个人有知识、有见识，做事时才会有胆识。

成功不属于最有条件、最有能力的人；

成功属于最渴望、最相信、最愿意付出的人。

成功不是将来才有的，

而是从决定去做的那一刻起，持续累积而成。

信心好比一粒种子，

除非下种，否则不会结果。

实现梦想并非人生的终点；

实现梦想是人生新的起点。

你把自己做好了，就是对团队最大的贡献；

你把自己做好了，就是对家族最大的贡献。

一旦确定目标就不要瞻前顾后，

而要勇往直前，把1%的希望变成100%的现实。

一个不能日日精进的人，就在背叛自己的梦想；

一个不断自我超越的人，就在呵护自己的梦想。

在这个世界上，唯一可以不劳而获的就是贫穷；

在这个世界上，唯一可以无中生有的就是梦想。

凡是不爱学习的人，都不是真正喜欢财富的人；

凡是不爱学习的人，都不是真正热爱自己的人。

生命中最值得怀念的日子，是那些不容易的日子。

人生最大的悲哀就是：用自己的认知去审判别人。

人生最大的无知就是：用自己的视角去看待世界。

只有不畏攀登的采药者，才能登上高峰采得仙草；

只有不怕巨浪的弄潮儿，才能深入水底觅得珍宝。

人与人之间最小的差距是智商，最大的差距是坚持。

成功就是站起来的次数，比倒下的次数多那么一次。

每一个人在奋斗中都会遇到困难、挫折和失败，

不同的思维和心态，是成功者与普通人的区别。

每个人的人生只能活过一次，

而读书却可以让我们体验千种人生，感知千种活法。

人们最初所拥有的只是梦想，以及毫无根据的自信而已，

但是，所有的奇迹都从这里出发……

没有尝试，就没有成功。

唯有面对困难或危险，才会激起更高一层的决心和勇气。

人生只要勇往直前，只要持续向上向善，

所有的问题都会迎刃而解，所有的问题就不再是问题。

要获得辉煌的成就，必须坚持"是的，我可以"的信念，

如果不能勇往直前，绝对不会拥有胜利并到达成功的顶峰。

在成为领导者之前，我最大的成功，就是努力成长自己；

在成为领导者之后，我最大的成功，就是帮助下属成长。

当我屡经挫败、疲惫不堪的时候，我问上天，这是为什么？

上天告诉我："我是以一个伟人的标准，来要求你的。"

命运并非机遇，

而是一种选择。

成功

成傑智慧心語

一個人外在的成功和成就
是內在成長和成熟的顯現

戊戌年宏偉

我们不该等待命运的安排，

必须凭自己的努力创造命运。

那些尝试去做某事却失败的人，

比那些什么也不尝试做却成功的人，不知要好上多少倍。

伟人所达到并保持着的高处，并不是一飞就到的，

而是他们在别人都睡着的时候，一步步艰辛地向上攀爬。

这个世界并不是掌握在那些嘲笑者的手中，

而掌握在能够经受得住嘲笑与批评，

不断往前走的人手中。

人生中的每次付出就像山谷当中的喊声，

你没有必要期望谁听到，

但那延绵悠远的回音，就是生活对你最好的回报。

很多时候妨碍我们成功的不是失败，而是往日的成功。

不要把昔日的辉煌当作舒服的吊床，

而要让它成为坚固的基石，使你更上一层楼。

学习的敌人是自己的满足，

要认真学习一点东西，必须从不自满开始。

对自己，"学而不厌"；对人家，"诲人不倦"。

我们应取这种态度。

每一次，

发奋努力的背后，

必有加倍的奖赏。

不面对怎么担当？

不担当怎么成长？

不成长怎么强大？

不强大何来独立？

渴望是拥有的开始，

越渴望就会越拥有，

渴望度决定行动力。

精进的人，没有空虚；

奋斗的人，没有遗憾；

舍得的人，没有痛苦；

放下的人，没有纠结。

越分享，越喜悦；越分享，越自信；

越分享，越富有；越分享，越丰盛；

越分享，越绽放；越分享，越飞翔；

越分享，越有功德；越分享，越有福报。

环境不会十全十美，

消极的人受环境控制，

积极的人却控制环境。

机会是吸引来的，

当我够好的时候，

我就会有强大的吸引力。

人生是自我期许的结果，

人生是自我要求的结果，

人生是自我精进的结果，

人生是自我超越的结果。

成功的开端是制定目标，

成功的关键是采取行动，

成功的条件是锻造自我。

你若盛开，
蝴蝶自来。

@小李肥刀

世上最重要的事，

不在于我们身在何处，

而在于我们朝着什么方向走。

如果你希望成功，

以恒心为良友，以经验为参谋，

以小心为兄弟，以希望为哨兵。

忍别人所不能忍的痛，

吃别人所不能吃的苦，

将会收获别人得不到的收获。

当下师为无上师，达者为师；

当下法为无上法，法无定法。

敬畏师者，才会成为师者；

敬畏英雄，才会成为英雄；

敬畏冠军，才会成为冠军；

敬畏领导，才会成为领导；

敬畏顾客，才会拥有顾客；

敬畏市场，才会拥有市场。

一个人，

之所以成为重要的人，

是因为他做了重要的事。

一个人为什么有机会做重要的事？

是因为他把每一件小事都做到极致。

用人品去感动别人，用改变去影响别人，

用状态去燃烧别人，用实力去征服别人，

用行动去带动别人，用坚持去赢得别人。

教育

教育的核心價值在於激發一個人的想象力和創造力

教育的終極目的在於塑造一個人的使命感和價值觀

戊戌智慧心語

戊戌宏澤書

在人生的道路上，

如果你没有耐心去等待成功的到来，

那么，你只好用一生的耐心去面对失败。

我们平时说"勤学苦练"，

苦，并不是"傻"的意思，

而是说：练功时，第一，不要怕吃苦；第二，要苦思。

人生学习的三个阶段：

1. 向古圣先贤学习；

2. 向宇宙万物学习；

3. 向内心深处学习。

人生的三大幸事：

1. 年轻的时候，遇到好老师；

2. 中年的时候，遇到好搭档；

3. 年老的时候，遇到好学生。

人生幸事

戊傑智慧心語

年輕的時候
遇到好老師
中年的時候
遇到好搭檔
年老的時候
遇到好學生

己亥冬月宏偉書

智慧如海

香海賢宗

人生的三种活法：

1. 活出来

"活出来"追求的是人生的成功与梦想。

2. 活精彩

"活精彩"追求的是人生的价值与意义。

3. 活明白

"活明白"追求的是人生的智慧与觉醒。

用大编剧的思维，来谱写我的传奇；

用大导演的视野，来布局我的人生；

用大演员的状态，来演绎我的精彩。

成功的真谛：

无论你是谁，

无论你从事何种工作，

成功，包括以下四点：

1. 明白人生的目的；

2. 从事你擅长的工作；

3. 发挥你最大的潜力；

4. 播撒造福众生的种子。

学而知不足

不足而知学

求真知智慧心语

戊戌年于文渊写

李俊平

每一次失败，都会使一个勇敢的人更坚定。

如果没有失败的刺激，我们或许甘愿平庸。

失败使人发奋图强，只有历经失败的痛苦，

才能找到真正的自我，感受到真正的力量。

从今天起，我一定要让自己好起来。

只有我好起来，我才能对得起自己；

只有我好起来，我才能对得起父母；

只有我好起来，我才能对得起团队；

只有我好起来，我才能对得起巨海；

只有我好起来，我才能对得起顾客；

只有我好起来，我才能对得起国家；

只有我好起来，我才能对得起社会；

只有我好起来，我才能对得起这个时代。

所以，我一定要让自己好起来。

充分准备

要在人前显贵
先在人后准备

战杰智慧心语
戊戌岳宏华

所谓成功的人，
就是能够
用别人向他投掷的砖块，
来为自己建造一个稳固的
根基。

@小李肥刀

失败是什么?

没什么,只是更走近成功一步。

成功是什么?

就是走过了所有通向失败的路,只剩下一条成功的路。

安全感不是别人给的,

安全感是自我精进与自我强大后所带来的。

你若不成长、不精进、不改变,

谁又能给你真正的安全感呢?

所谓成功的人,就是能够用别人向他投掷的砖块,来为自己建造一个稳固的根基!

我们这代人最大的发现就是:人类可以通过改变自己内心的态度,来改变自己的人生,改变自己的世界!

那些真正意识到自己力量的人永不言败!

对于意志坚定、永不服输的心灵来说,

永远不会有失败。

他会跌倒了再爬起来,

即使其他人都已退缩和屈服,

他依旧永远不会放弃!

比成功更重要的是什么?

在上帝眼里,

伟大的失败也是成功,渺小的成功也是失败。

成功不是衡量人生价值的最高标准,

成功是一个人拥有内在的丰富,

有自己的真性情和真兴趣,

有自己真正喜欢做的事。

只要你有自己真正喜欢做的事,你就会在任何情

况下都感到充实和踏实。

愛

愛沒有增加一切都是枉然

愛一旦增加一切即將改變

戊戌鈴月康偉書

演説

成傑智慧心語

演說的最高境界
就是你我兼修
就是你的最高境界
就說服的最高境界
就是說服自己

戊戌 宏偉

演说篇

演是我人生的经历、体验、感悟和故事；

说是我人生的分享、交流、沟通和说服。

公众演说是一种对众人进行：

有计划、有目的、有主题、有系统的语言传播。

演讲的目标：利众；

演讲的目的：利己。

习惯使用吉祥的语言，

我的人生就吉祥如意。

演讲就是讲我擅长的，

演讲就是讲我熟悉的。

我对演讲事业的爱，

就像对我生命的爱一样。

朗读会让演讲变得更好，

我要把它一直坚持下去。

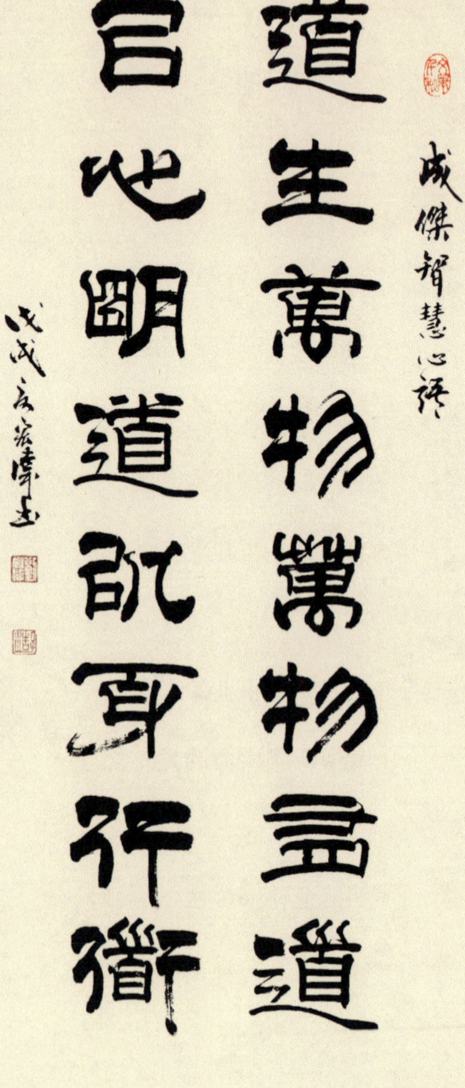

道生萬物萬物立道

自也明道就耳行衢

成傑智慧心語

戊戌宏濤書

演说智慧是超越演说的演说，

演说智慧是生发智慧的智慧。

当我对演讲越来越爱的时候，

演讲自然就会变得越来越好。

成功的演讲是以听众为中心，

成功的企业是以用户为中心。

每个伟大的领袖都是一流的演说家。

人类的每一次进步都离不开语言开路。

有爱的人，才真正懂得去分享；

有爱的人，才真正愿意去分享；

有爱的人，才真正舍得去分享。

演讲中，在情感面前，

所有的方法和技巧都显得苍白无力！

教别人的时候，就是我成长最快的时候。

要想学会什么，就要学会去教别人什么。

好的演讲不仅仅要传达知识，传递观念，

更要提升听众的境界，引爆听众的能量。

所有伟大的演说家，都活在听众的世界中；

所有平庸的演说家，都活在自我的世界中。

讲话积极正面，向上向善就是在普度众生；

讲话消极负面，向下向恶就是在谋财害命。

水洗万物而自清
人利众生而自成。

@小李肥刀

当我学会公众演说，

我的人生会不可思议，

我的未来会势不可挡。

我的人生是我想出来的；

我的人生是我说出来的；

我的人生是我干出来的。

一个人演讲、沟通、说服、谈判和行销的能力，

决定了他生活品质的高低和他事业成就的大小。

語言可以穿透一个人的灵魂

拳头可以打断一个人的肋骨

戈杰智慧心铭 戊戌年于文渊阁 李俊平

公众演说就是讲我相信的，

公众演说就是讲我喜欢的，

公众演说就是讲我有感觉的，

公众演说就是讲我擅长的，

公众演说就是讲对听众有帮助的。

演说家的气质，是无形的魅力；

演说家的气度，是胸怀的语言；

演说家的气场，是隐形的能量。

同脩同行

與萬物同在
與同道同脩
與宇宙同樞
與時間同步

成傑智慧必譯

何为演说？

演是我人生的经历、体验、感悟和故事；

说是我人生的分享、交流、沟通和说服。

公众演说是一种对众人进行

有计划、有目的、有主题、有系统的语言传播。

演讲是什么？

演讲就是把话说出去，把钱收回来，把人带回家。

所以，把话说出去，就能收钱、收人、收心。

好的演讲就是在和老朋友聊天，

自信，自然，自如，自在。

沟通才能畅通。

沟通的核心：推心置腹！

沟通的目的：让对方变得更有力量！

有感觉地讲话，讲有感觉的话；

有感觉的话才有力度，有感觉才有杀伤力；

有感觉才能洞悉，有感觉才会有见地。

作者与恩师演讲教育艺术家彭清一教授

大智慧·对话

績

一個人的命運
是他修為和作為的結果
修為是心　作為是行
一個人的修為和作為就是造化

成傑智慧心語　王重五宏澤書

十年 TEN YEARS DREAM

缔造

LEGENDARY LIFE

人生传奇

时代的英雄·智慧的导师

十年梦想·影响世界

我要成为超级演说家，

我愿意每天早起勤奋练习演讲。

我要成为超级演说家，

我愿意每天大量阅读，博学广闻。

我要成为超级演说家，

我愿意日日精进，向上向善，追求卓越。

我要成为超级演说家，

我愿意随时随地练习，持续、大量地免费演讲。

演繹人生

成傑智慧必評

用大演員的狀態　用大編劇的思維　用大導演的視野

來演繹我的精彩　來譜寫我的傳奇　來布局我的人生

感恩是打開生命能量的開關

感恩是最好的方式就是不辜負

丁酉年善日碧霞山松之海

我要成为超级演说家，

我愿意每天阅读精彩的故事，并分享给别人听。

我要成为超级演说家，

我愿意持续跟随巨海的课程，

全方位成长自己，提升自己。

我要成为超级演说家，

我愿意持续不断地学习、练习、复习，

并学以致用，触发行动。

經營

戊傑智慧心語

管理的科學上升到經營的哲學

才會擁有壯疆大而持久的生命力

經營的哲學落實到管理的科學

才會擁有壯疆大而持久的執行力

戊亥宏澤書

经营篇

管理科学研究的是：是什么？

经营哲学研究的是：为什么？

管理科学上升到经营哲学，才会拥有持久的生命力。

经营哲学落实到管理科学，才会拥有强大的执行力。

战略就是站在高处看远处
战略就是站在未来看现在
@小李肥刀

近者悦，

远者来。

管理就是平衡，

经营就是超越。

战略决定战役，

战术决定战斗。

顺势才能明道，

明道方能取势，

取势自然成事。

员工对企业的忠诚度，

源自于老板对事业的忠诚度；

顾客对企业的追随力，

源自于老板对事业的专注力。

老板有好的状态，

员工才会有希望，

企业才会有未来。

大发展，小困难；

小发展，大困难；

不发展，最困难。

没有成功的企业，

只有时代的企业。

销售是棵发财树，

服务是棵摇钱树。

做产品不能将就，

用人绝不能勉强。

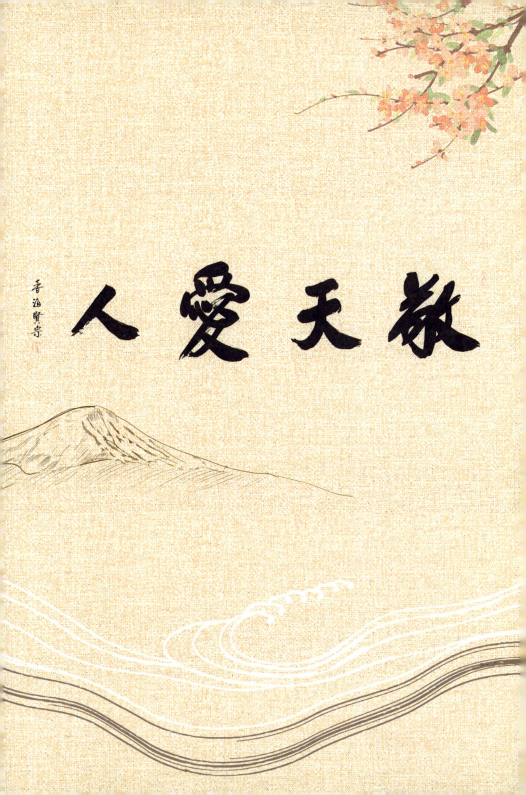
敬天愛人

顾客需要同理心，

但不需要同情心。

最好的营销是服务，

服务是最好的营销。

只要我们追求顾客价值，

顾客就会持续追随我们。

战略就是站在高处看远处，

战略就是站在未来看现在。

顾客是最好的老师，

市场是最好的学堂，

同行是最好的榜样。

成就别人的人，最终一定会成就自己；

造福顾客的企业，一定会被顾客托起。

只有我们发自内心地把顾客服务好，

顾客才会顺其自然地把我们照顾好。

当你足够好的时候，你永远不要担心没有顾客；

当你不够好的时候，天天担心没有顾客也没用。

当客户价值越来越小，我们生存的空间就越来越小；

当客户价值越来越弱，我们生存的压力就越来越大。

建立规则，才会养成习惯；

养成习惯，才会形成文化。

正念利他

香海賢宗

企业要想基业长青，

就要成为学习型组织，

成为教化人心的"道场"。

站在未来看现在，

我们都可以成为伟人。

商业的形式百相万千，

经营的智慧始终如一。

致天下之治者在人才，

成天下之才者在教化。

领导者领导使命。

巨海人以责任和使命，

驱动生命向前奔跑！

销售赚的是昨天的钱，

服务赚的是今天的钱，

品牌赚的是未来的钱。

唯有平衡才能持续永恒，

唯有超越方立不败之地。

经营哲学是由内而外，一致性的修炼；

经营哲学是自上而下，一致性的执行。

考核的价值在于：

让平凡的人变优秀，

让优秀的人变卓越，

让卓越的人出类拔萃，

让平庸的人淘汰出局。

市场才是唯一的救世主，

沉下心来做你该做的事。

不要给客户添"麻烦"，

不要给客户加"负担"。

当内部竞争形成的时候，

管理就会变得简单轻松。

所有伟大的企业，

不是活在自我的世界中，

而是活在用户的世界中。

我们不要做"昙花一现"的英雄，

我们要坚持"长期主义"的战略。

巨海人要用生命捍卫巨海荣誉，

巨海人要用生命践行服务承诺。

过去的十年，巨海追求：内容为王，策略制胜；

未来的十年，巨海追求：内容为王，服务制胜。

捆绑人才，才能成就大业；

捆绑顾客，才能纵横天下。

当我们造福的顾客越多时，

我们的福报自然就会越大。

我对顾客服务的星级标准，

决定了我人生的星级标准。

我为顾客提供服务的品质，

决定了我人生生活的品质。

人是被要求和被训练出来的，

人才是被考核和考验出来的。

管理就是树标杆、立榜样。

商業真經

成傑智慧心語

商業的本質就是顧客價值

商業的根本就是價值交換

商業的基礎就是價值對等

商業的方向就是物超所值

商業的境界就是超乎想象

标杆会让更多的人看到希望，

榜样会激励更多的人去行动。

企业的管理，过去是沟通，

现在是沟通，未来还是沟通。

管理就是频繁而有效的沟通。

一家企业最重要的战略是：

提升企业家内在的格局和境界，

提升企业人内在的善心和良知。

不是看到顾客就想如何去"成交他"，

而是看到顾客就想如何去"成就他"。

成杰老师与世界领导力大师[美]约翰·C.麦克斯维尔对话

当我们对顾客有敬畏之心的时候，

顾客就会毫无保留地将我们托起。

人在对的环境，很难做错的事情；

人在错的环境，很难做对的事情。

企业的第一战略是人才战略。

企业的成功归根结底是人才的成功！

我们只有从内心深处

感知、认同这份事业的崇高、神圣和伟大，

并将自己彻底地交给这份事业，

我们才会因这份事业而变得更好，

我们的生命才会被这份事业托起。

经营企业的核心就是经营人，

经营人的核心就是满足人性的需求；

经营企业的核心就是经营人，

经营人就是发自内心地成就人。

经营人的两大核心：

1. 经营人就是发自内心地成就人；

2. 经营人就是让人持续变得强大。

经济和军事会让一个国家变得强大，

文化和精神会让一个国家变得伟大，

营销和创新会让一个企业变得强大，

文化和精神会让一个企业变得伟大。

对事业的忠，就是对父母最大的孝；

对事业的忠，就是对顾客最大的仁；

对事业的忠，就是对国家最大的义。

企业经营的终极目的就是：永续经营。

一个企业是否永续经营背后的核心是：

1. 是不是帮助顾客成长与发展；

2. 是不是让员工伴随企业发展；

3. 是不是推动了行业健康发展。

一个企业是否永续经营
背后的核心是：
是不是帮助顾客成长与发展。
是不是让员工伴随企业发展。
是不是推动了行业健康发展。

@小李飞刀

經營幸福

應有盡有的幸福
並非真正的幸福
應無盡無的幸福
才是真正的幸福

成傑智慧心語 宏濤

战略是选择，选择做什么，选择不做什么。

战略是方向，方向在哪里，政策就在哪里。

如果原地踏步，不前进，不发展，

没有问题都会有问题，小问题会变成大问题。

管理科学研究的是：是什么?

经营哲学研究的是：为什么?

管理科学上升到经营哲学，才会拥有持久的生命力。

经营哲学落实到管理科学，才会拥有强大的执行力。

领导力就是用人的能力，

随时发现每个人的优势和天赋。

领导者就是要善于发现人才，挖掘人才，用好人才。

未来的时代，顾客已经不需要推销了，顾客只需要被服务；

未来的时代，顾客已经不需要成交了，顾客只需要被成就。

管理是对绩效负责，经营是对增长负责；

管理是对过去和现在负责，经营是对现在和未来负责。

认识一个人，

推开一扇门，

进入精彩世界。

成功的关键就是，

找到对的人合作。

在顺境中借势而行，

在逆境中苦练内功。

利在一身，勿谋也；

利在天下，谋之。

利在一时，勿谋也；

利在万世，谋之。

天地之道，利而不害；

圣人之道，为而不争；

大商之道，济世苍生；

巨海之道，正念利他。

过去是人口红利的时代，

未来是人才红利的时代。

讲规则，才能有秩序；

懂感恩，才能行更远。

只有建立有效的规则，

才能养成良好的习惯；

只有养成良好的习惯，

才能建立有效的秩序。

巨海经营的中心思想：

做好自己，成就团队；

造福顾客，影响众生。

一个不知道去哪里的人，

结果就是哪里都去不了。

人生，不平安不足为富贵；

企业，不稳健不足以长久。

企业最终的归宿就是资本。

血脉是一个人的身体系统，

人脉是一个人的生命系统。

高手是上可通天，下可入地。

通天入地，又称为"出神入化"。

制度只能管住一个人的身体，

精神才能牵引一个人的灵魂。

当我对事业越来越爱的时候，

事业自然就会变得越来越好。

越成功的人，目标感越明确；

越失败的人，越没有目标感。

作为巨海人，

我们要用内心之火与精神之光，

去照耀中国亿万企业家的生命。

一个真正爱巨海的人，

才能跟巨海的能量发生连接，

巨海的能量才能成就他的人生。

人生难的是上不去，

人生更难的是上去了，下不来。

正念利他，敬天爱人。

当我足够正的时候，

才能给顾客带来足够大的安全感；

当我足够正的时候，

才能给员工带来足够大的归属感。

人文环境大于办公环境。

办公环境是硬件，人文环境是软件。

我对事业的忠诚，

就是对相信我、选择我的人的忠诚。

一个家族的荣耀不取决于财富的多寡，

而在于每个家族成员对待财富的态度。

没有计划不要上班，没有总结不要下班；

没有计划不要开始，没有总结不算结束。

当你能够照顾好更多企业同仁的时候，

才会有更多的人来为企业创造更大的价值！

我今天所做之事，

是在增加我的能量，还是在消耗我的能量？

我今天所做之事，

是在为我增加福气，还是在消耗我的福气？

每天清晨问自己：

今天我准备为团队贡献什么？

每天夜晚问自己：

今天我为团队做了什么有意义、有价值的事？

试问：巨海有没有因为我的存在而变得更好？

今天公司对你严格，明天市场就会对你轻松；

今天公司对你轻松，明天市场就会对你残酷。

因为巨海这份事业，我的生命变得越来越好；

因为巨海这份事业，我的人生变得越来越好；

因为巨海这份事业，我的生活变得越来越好。

人性趋利避害，谈钱是对人才最好的尊重。

人性，最根本、最核心的需求就是：被尊重。

别人怎么说、怎么评价，我们没有办法决定，

但是如何做人、如何做事，我们可以掌握。

生命就是关系，关系是互动的结果。

你是谁并不重要，重要的是你和谁站在一起。

越成功的人越懂得与人合作，合作才能大作。

一个有水平的公司，不会去将就没水平的客户；

一个有水平的老师，不会去将就没水平的学生。

以奋斗者为本，当奋斗者成为真正的受益者，

企业就会有越来越多的人，自动自发地成为奋斗者。

教育
訓練

成傑智慧心語

教育改變一個人的思考模式

訓練改變一個人的行為模式

戊戌秋京傑書

当我对巨海事业是发自内心地热爱和狂喜时，

我对顾客所讲的每一句话，都会具有震撼性和影响力。

管理的起源是：员工对结果的自我承诺与自我负责。

管理的出发点是：事的顺利。

权术的出发点是：人的服从。

一个人如果要想有所大成，

就要把全部的时间、精力和智慧集中在一点上爆发！

而我成杰一生的一点就是：

巨海教育培训，发自内心成就人。

在管理中，多一些无条件的爱，管理就会变得简单、轻松而高效。

在家庭中，多一些无条件的爱，家就会变得温暖、祥和而幸福。

爱

爱的净化是慈悲

慈悲的人没有敌人

爱的升华是智慧

智慧的人没有烦恼

成杰智慧心语

己亥之秋宏伟书

只有我发自内心地
狂喜巨海平台，
巨海平台才会毫无保留
地托起我。

@小李肥刀

只有我真正热爱巨海事业，

巨海事业才会毫无理由地成就我；

只有我发自内心地喜爱巨海平台，

巨海平台才会毫无保留地托起我。

在体现自身价值和实现理想的过程中，

我们要对自己的信仰坚定不移，对自己的追求执着不改，

对自己的能力自信不移，对自己的事业无比尊重与热爱，

再加上有过人的胆识和勇气，

理想就会实现，奇迹就会诞生。

只有建立内心的价值系统，才能把压力变成生命的张力；

只有不断地行动，才能把知道的转化成做到的，

最终到达人生中理想的高度。

顾客有没有因为我的出现，而变得更成功、更富有、更幸

福、更喜悦、更智慧、更自在？

当因为我的出现，顾客开始变得更好，

我的人生就开始变得更好。

只要有了热情，人们才能把额外的工作视作机遇，

才能把陌生人变成朋友，才能真诚地宽容别人，

才能热爱自己的工作。

商业的本质就是：顾客价值。

商业的根本就是：价值交换。

商业的基础就是：价值对等。

商业的方向就是：物超所值。

商业的境界就是：超乎想象。

商业真经说的就是：

实实在在、真真切切地用我们的产品和服务，

让顾客变得更成功、更富有、更健康、更幸福、更美丽、

更喜悦、更祥和、更自在……

经营四问：

第一问

我们要扪心自问，我们到底花了多少时间在客户身上？花

了多少时间在了解自己的产品上？花了多少时间在提升产

品服务上？

創業興修行

成傑智慧心語

人生是一趟旅行
所到业都是風景
創業是一場修行
所做之事都是修行煉

第二问

我们要扪心自问，我们花了多少钱在研发上？花了多少时间在学习新的业态上？花了多少时间在感受新的趋势和方向上？

第三问

我们要扪心自问，我们花了多少精力在组织升级和人才培养上？花了多少精力在引进高级人才上？花了多少精力在年轻人身上？我们有没有在"90后""00后"身上学到什么？

第四问

最后，我们还要扪心自问，我们愿意不愿意慢下来，去做点慢的事情？

成功是人生追求的旅途

幸福是生命最终的归宿

丁酉年 善堃 云水书

管理的本质：

让员工真正具有自我领导的能力。

经营的本质：

用我们的产品和服务为客户创造价值。

领导的本质：

给每个人植入强大的"肯定性"。

战略的本质：

选择与放弃，选择做什么，更要选择不做什么。

演说的本质：

通过分享我们的经历、体验和故事，

去唤醒众生对真善美的追求和向往。

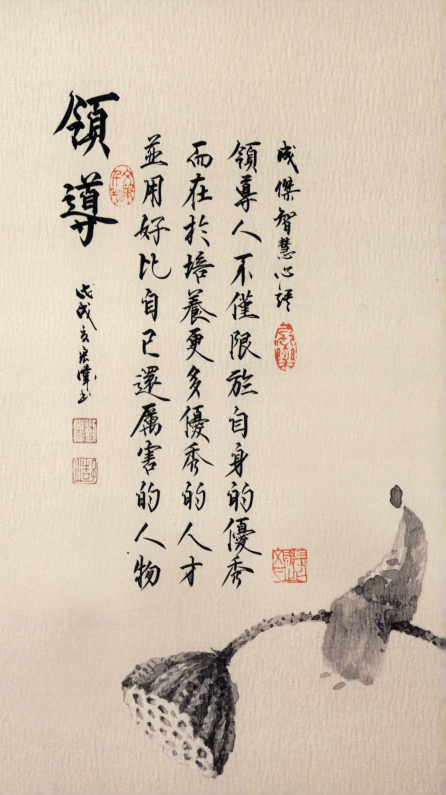

領導

領導人不僅限於自身的優秀
而在於培養更多優秀的人才
並用好比自己還屬害的人物

成傑智慧心語

戊戌亥農堂書

领导篇

请问你是管理者还是领导者？

管理者的本质在于拉动！
管理者以身作则，带兵打仗，冲锋陷阵。

领导者的核心在于复制！
领导者以身示范，把一棵树变成一片森林。

心胸决定格局
格局决定布局
布局决定结局

@小李肥刀

集众人之智，

成众人之事。

取众人之长，

才能长于众人。

心胸决定格局，

格局决定布局，

布局决定结局。

只有深刻地了解人，

才能彻底地用好人。

一致性造就影响力，

一致性决定权威性。

如果战略错了，

战术已经没有对错。

我是一切能量的来源。

情绪就是流动的能量。

领导者的魅力在于，

把一棵树变成一片森林。

文化统一是人心统一的基石，

人心统一才是事业的根本。

站在现在看未来是本能，

站在未来看现在是本事。

领袖的魅力在于,
把一棵树变成一片森林。

@小李飞刀

企业领导者持续地精进，

是企业持续发展的根本。

领袖对人类最大的贡献，

就是成为人类的精神领袖。

领导者都是贩卖希望的高手。

任何战术上的努力，

都没有办法弥补战略上的失误。

当我越来越有使命感的时候，

我的能量自然就会越来越强。

领导者的第一品质就是能量。

心态决定状态，体态决定状态。

榜样影响人生，偶像影响命运。

做事精益求精，做人追求卓越。

领导者立于不败之地的唯一秘诀：

持续不断地自我超越。

只有真正懂得去成就别人的人，

最终才会成为被别人成就的人。

人一旦相信，就等于自我催眠；

人一旦怀疑，就等于自我摧毁。

管理者把已经发生的事情处理好，

领导者修行的方向就是进入未来。

利眾者偉業必成
一致性內外兼修

成傑智慧心語 戊戌桃月下澣翔霄鵬書於舍潛居

企业的第一核心竞争力就是老板，

老板的第一核心竞争力就是能量。

把自我成长变成人生的头等大事；

把战略规划变成企业的头等大事。

越自私的人，能量越小，路越窄；

越无私的人，能量越强，路越宽。

把自己变成厉害的人，会成为英雄；

把别人变成英雄的人，会成为领袖。

成功的人，会自然而然地想到众生；

失败的人，却无时无刻不想到自己。

站在现在看未来，是梦想，是目标；

站在未来看现在，是境界，是格局。

導道貴德

道者萬物之所宗
德者萬物之所府

成傑智慧心語
己亥春西安澤玉

古聖先賢

成傑智慧必評

聖者隨時而行

賢者應事而變

智者無為而治

達者順天而生

领导者所有的问题都是能量的问题。

领导者就是把人才的优势无限放大，

放大到不去在乎他的缺点和问题。

一个有家国情怀和社会担当的企业家，

才是真正受人们尊重和敬仰的企业家。

领导者就是发自内心地成就人。

你能成就多少人，你就能做多大的事业。

老板需要埋头拉车，更需要抬头讲话，

讲故事，讲梦想，讲蓝图，讲美好的明天。

老板做正确的事，才会成为有成果的人；

老板做有价值的事，才会成为有价值的人。

正念利他

所愔世間樂

走従利世間

一物並利地

由物益利地

咸自利間皆

自利間生

利述皆生

述樂

戌傑智慧心行 戊戌秋月宏澤書

领袖比的是，

谁够坚信，谁够坚定，谁够坚持，谁够坚守。

领袖就要像太阳一样，

光芒万丈，魅力四射，照耀万物，惠及众生。

领袖都是造梦的高手，

通过一个美好的梦吸引顶尖人才，一起实现梦想。

一个人思考问题的品质，决定了生命的品质；

企业家思考问题的品质，决定了企业的未来。

一个人能够让自己兴奋起来，是一件非常棒的事；

一个人能够让自己持续兴奋，是一件很伟大的事。

领导者获得尊重的唯一通道，就是对别人"有帮助"；

你对众生帮助的大小，将决定你获得尊重的多与少。

教育的核心价值在于：激发一个人的想象力和创造力。

教育的终极目的在于：塑造一个人的使命感和价值观。

成为卓越领导者最大的天敌：自私自利、自以为是；

成为卓越领导者最大的核心：无私无我、正念利他。

不是每位创业者都能成为伟大的企业家，

但伟大的梦想和崇高的追求是每位创业者都应该拥有的。

境界

愚者用生命成就事业
智者用事业圆满生命
以心为师
智慧如海

戊子宏涛书

古之立大事者，

不唯有超世之才，

亦必有坚忍不拔之志。

小老板做事情讲义气，

大老板做事情讲豪气，

领导者做事情讲正气。

老板等于导师，

领导等于教练，

企业家要成为精神领袖。

一个人真正伟大之处在于，

他能够认识到自己的渺小。

贡献度决定你的地位，

贡献度决定你的权威，

贡献度决定你的影响力。

卓越的领导者，

不仅限于自身的优秀，

更在于培养更多优秀的人才，

并用好比自己还厉害的人物。

领导人的追求，会赢得更多员工的追随；

领导人的追求，会赢得更多顾客的追随。

左一：成杰　左二：高德康　右一：秦以金　右二：梅冬

成杰老师为波司登集团做企业文化大训视频

正念利他

利众者，敬天爱人，以心为师；

利众者，焦点利众，众人成全；

利众者，内修于心，外施于行；

利众者，仁爱以德，自在安乐；

利众者，般若智慧，明心见性；

利众者，天人合一，福慧双增；

利众者，宏图伟业，自然大成。

利众者伟业必成，一致性内外兼修。

领袖的三大"咒语"：

1. 谢谢你，我爱你!

2. 谢谢你，有你真好!

3. 太棒了，有你就是不一样!

一个有使命感的生命，

是这个世界上最伟大的作品；

一个有使命感的巨海人，

是这个世界上最美的巨海人。

一个老板如何引领更多人才？

有追求，有追求才会有人追随；

领袖有追求，就是有魅力。

人一旦有追求，就会散发无限魅力。

企业不赚钱就会倒闭，

老板不赚钱就是"犯罪"，

领导者没有能量就是最大的不道德。

领导者都是学问的践行者！

"以行践言"说的就是，

我们用行动来实践所感、所悟、所说！

老板要学会和人才成为利益共同体；

老板要学会和人物成为精神共同体；

老板要学会和合伙人成为命运共同体。

養天地正氣
法古今完人

書慈林
丙申立冬

救與被救

成傑 智慧心語

戊戌秋宏濤

一個人改變自己是自救

一個人影響眾生是救人

一个合格的管理干部是"干"出来的！

肯干：渴望、意愿、主动。

愿干：付出、奉献、牺牲。

能干：责任、担当、胜任。

管理者的三层境界：

1. 关注任务，强调业绩。

2. 关注人才，强调团队业绩。

3. 关注组织，强调组织建设、组织业绩。

老板能够引领员工，

是因为老板对事业建立了深深的信仰。

当我越来越爱教育事业的时候，

相信我们的人就越来越多；

当我越来越爱巨海事业的时候，

追随巨海事业的人就越来越多。

坚强的信心，

能使平凡的人做出惊人的事业；

伟大的事业，

不是靠力气、速度和身体敏捷完成的，

而是靠性格、意志和知识的力量完成的。

知行合一

成傑智慧必评

做自己所說　說自己所做

做是為了更有資本的去說

說是為了讓自己做的更好

伟人之所以伟大，

是因为他与别人共处逆境时，

别人失去了信心，他却下决心实现自己的梦想。

领导力就是用人的能力。

随时发现每个人的优势和天赋。

领导者就是要善于：发现人才，挖掘人才，用好人才。

一个人要受人尊敬，一定是有条件的；

一个人要受人尊敬，一定是要通过自己的努力获得的；

一个人要受人尊敬，一定要有让别人尊敬的理由和实力。

当我们越来越感知到，

我们所做的巨海这份神圣而伟大的事业，

是有意义有价值的时候，

我们的使命感就油然而生，

能量就开始越来越强，越来越持久。

物质都是虚空，精神流芳百世。

所有物质其实都是虚空，没有什么东西是真正属于你自己的；

唯有你的名字，你所做的事，

你用自身品牌对他人造成的影响，

这些无形的资产，是可以生生不息、流芳百世、千古传承的。

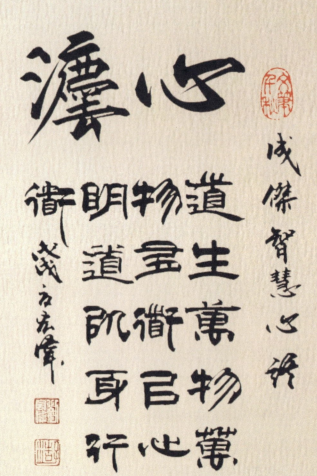

心澄

戊傑智慧心法

道生萬物蕈
物全衛己心
明道訓身行

衛茂方宏章

宇宙即我心。

我心即宇宙，

@小李肥刀

万法由心生，万法由心灭。
万术不如一道，万法不如一心。
心乃众智之要，心是一切智慧的源泉。

心法（篇）

威 本 智慧

敬天爱人，

以心为师。

以心为师，

智慧如海。

道由心悟，

自心开悟。

我心即宇宙，

宇宙即我心。

心不唤物，物不至。

与日月合其明，

与天地合其德。

凡事进入核心，

即进入了命脉。

胸襟决定器量，

境界决定高下。

心中无敌，

才能无敌于天下。

诚信生神

乙未秋　楼宇烈

心治则身治，

身治则一切皆治。

因为爱过，所以慈悲；

因为懂得，所以宽容。

万般神通皆小术，

唯有空空是大道。

道高德厚育英才，

天清地宁养万物。

以镜自照见形容，

以心自照见吉凶。

訊心為師
智慧如後

成傑智慧心語

戊庚寅宏摩書

是非功过由他说，

问心无愧天地间。

心小了，小事就大了；

心大了，大事就小了。

心量狭小，则多烦恼；

心量广大，则智丰饶。

一切万法，不离自性；

明白本心，体见本性。

心志要苦，意趣要乐；

气度要宏，言行要谨。

无心者公，无我者明。

欲修其身，先正其心。

日日行，不怕千万里；

常常做，不怕千万事。

天地不可一日无和气，

人心不可一日无喜神。

境无好坏，唯心所造；

相由心生，情随事迁。

宇宙无相，万物无常。

大道无边，大爱无私。

自性本空，心生万法。

只要用心，就有可能；

只要开始，永远不晚。

禪

香海賢宗

欲望大于能力会
痛苦，
能力大于欲望会
自在。

@小李肥刀

见人不是，诸恶之根；

见己不是，万善之门。

道生万物，万物有道；

以心明道，以身行道。

没有对错，没有成败，

没有是非，没有好坏。

有心无相，相随心生；

有相无心，相随心灭。

内心谦虚处下就是功，

外行合乎于理就是德。

欲望大于能力会痛苦，

能力大于欲望会自在。

气场就是无形的能量，

情绪就是流动的能量。

做个好人，心正身安魂梦稳；

行些善事，天知地晓鉴鬼神。

真正会听的人，要听无声之声；

真正会看的人，要看无相之相。

人生所有的不可能，

都是自己认为的不可能。

事事培元气，其人必寿；

念念存本心，其后必昌。

道

天地之道創而不害聖
人之道為而不爭大
商之道濟世營生
巨海之道念創他

戒杰智慧心銘

戊戌年夏於文淵閣
李俊平

一切有形的都是有限的，

一切无形的都是无限的。

你的认识，

决定了你所认识的世界。

人生就是一场旅行，

心柔顺了，一切就安定了！

有德即是福，无嗔即无祸，

心宽寿自延，量大智自裕。

断舍离

戊傑智慧必評

断掉無謂的朋友

舍棄無用的擁垂

離開負能量的圈子

当我持续不断地追求美好，

我的生命就会越来越美好。

天地无私，为善自然获福；

圣贤有教，修身可以齐家。

道之成在我，道之行在时，

道之美在人，道之证在修。

知足第一富，善友第一亲，

布施第一乐，成长第一喜。

无事心不空，有事心不乱，

大事心不畏，小事心不慢。

成傑智慧心語

遇見自己

今天我們所有的學習成長精進和蛻變

都是為了期日豔遇生命中更好的自己

戊戌秋宏峰書

发自内心地做好每一件事，

是我与生俱来的本性。

身在万物中，心在万物上。

心若计较，处处都是怨言；

心若放宽，时时都是春天。

君子之道低调却日益彰显，

小人之道鲜明却日渐消亡。

一个人最大的破产是绝望，

一个人最大的资产是希望。

人生不是为了活给别人看，

而是为了自己有尊严地活着！

大自在

得之不喜失业不慎

得失随缘心無增減

戊戌秋月嘉澤書

戊傑智慧心語

创业是一种修行，

用心关照生命的每一个瞬间。

创业是一场修行，所做之事都是修炼；

人生是一趟旅行，所到之处都是风景。

让善良和信仰，成为一种看得见的财富！

一个人面对外面的世界，需要的是窗子；

一个人面对自我的时候，需要的是镜子。

一个人的度量越大，一个人的能量就越大；

一个人的心量越大，一个人的能量就越大。

敬畏

戊傑智慧心语

君子壹旦所畏有所不為

才敢大有作爲

小人無所畏無所不爲

總將難壹作爲

戊亥宏庫

人这一辈子，

需要的不多，

想要的太多。

人生可以消费，

人生不能浪费。

何为修行？

修的是圆满自性，

行的是普度众生。

一个人的命运，是他修为和作为的结果。

修为是心，作为是行，一个人的修为和作为就是他的造化。

21世纪真正有福报的企业家，

会从财富自由走向精神自由，最终到达灵魂的觉醒。

禅定

成杰智慧心语

得止随缘心无增减
得之不喜失之无忧

戊戌年於文渊阁 李俊平

人生若没有新颖，

就没有办法吸引。

成功就是做好事，

并坚持把事做好。

人生之所以会后退，

是因为有后路可退。

一言之虚百患丛生，

一事之虚危害终生。

失去金钱的人损失甚少，

失去健康的人损失极多，

失去勇气的人损失一切。

人生的迷茫与困惑，

因为内心缺少光明；

当我们内心光明的时候，

我们自然可以照见一切。

热爱是最好的导师。

爱可以教会我们一切，

爱会给我们无穷的能量，

爱会给我们无限的智慧。

机会是留给有实力的人的。

你若要喜爱你自己的价值，

你就得先给世界创造价值。

一个对自己都没感觉的人，

很难成为一个真正的人。

成功的人没有抱怨的权利，

成功的人没有偷懒的机会，

成功的人没有放弃的理由。

积极者相信：

只有推动自己才能推动世界，

只要推动自己就能推动世界。

人生没有白走的路，

每一段路途都有不一样的风景。

失败的人，活在过去的世界中；

小成的人，活在自我的世界中；

大成的人，活在众生的世界中。

感恩之世

感恩之世離
沭功財富健
康喜悅自在
和幸福最近

戊傑智慧心語　崇寧山

圆满生命的四大通道：

1. 让心智越来越成熟；

2. 让心量越来越宽广；

3. 让心性越来越高远；

4. 让人格越来越完善。

有些人，似荷，只能远观；

有些人，如茶，可以细品；

有些人，像风，不必在意；

有些人，是树，安心依靠。

生命短暂，

不要与无谓的人打交道；

时光易逝，

不要做毫无意义毫无价值的事。

心清净了，生活就美好了；

心量大了，烦恼就消失了；

心喜悦了，幸福就来到了；

心柔软了，智慧就显现了；

心纯粹了，成功就不远了。

品若梅花香在骨，人如秋水玉为神。

人的品德应该如梅花一样芳香入骨，

人的精神应该如美玉一般晶莹剔透。

伪欺不可长，空虚不可久，

朽木不可雕，情亡不可久。

运气是实力的一部分，

真实力是时间和心血沉淀的结果！

人生最容易的就是自我满足，

人生最困难的就是自我超越。

感恩产生能量，抱怨消耗能量；

感恩形成连接，抱怨形成分裂。

感恩就是对你所拥有的心怀感激；

抱怨就是对你未得到的心怀敌意。

我们要成为天空的星斗，相互照耀；

而不要成为沙滩的顽石，相互撞击。

人人自有定盘针，万化根源总在心。

却笑从前颠倒见，枝枝叶叶外头寻。

低级的欲望通过放纵就可获得；

高级的欲望通过自律方可获得；

顶级的欲望通过煎熬才可获得。

智慧

成傑智慧心语

内心豐盛為慧　愛日求知為智

戊戌·夏宏澤

智慧篇

大志者，大智慧。
智慧说：智，法用也；慧，明道也。

天下智者莫出法用，天下慧根尽在道中。
智者明法，慧者通道。

道生法，慧生智。慧足千百智，道足万法生。
智慧，道法也。

爱自己最好的方式，
就是成长自己。
爱众生最好的方式，
就是成就众生。

@小李肥刀

无缘大慈，

同体大悲。

无关生智，

局外生慧。

和气浮于面，

锐气藏于胸。

每日求知为智，

内心丰盛为慧。

以佛心为我心，

以佛行为我行。

智者不起疑心，

慧者有其方便。

使我痛苦者，

必使我强大。

钱多会压身，

心高艺更高。

律己宜带秋气，

处事须带春风。

互补才能平衡，

平衡才能持久。

投入才会深入，

付出才会杰出。

竹密不妨流水过，

山高岂碍白云飞。

君子记恩不记仇，

小人记仇不记恩。

人格的完善是本，

财富的确立是末。

临事须替别人想，

论人先将自己想。

小人，以身发财；

君子，以财发身。

众争之地勿往，

久利之事莫为。

如果你不计划幸福，

痛苦就会乘虚而入。

多虚，不如少实。

少则得，多则惑。

知识来自书本，

智慧源于生活。

人生的名利有限，

生命的智慧无穷。

善用威者不轻怒，

善用恩者不忘施。

心若离钱越远，

口袋离钱越近！

得之不喜，失之不忧；
得失随缘，心无增减。

@小李肥刀

积善之家必有余庆，

积恶之家必有余殃。

道者，万物之所宗；

德者，万物之所府。

愚者为钱所用，

智者让钱为我所用。

得之不喜，失之不忧；

得失随缘，心无增减。

慈悲为本，利他为先；

焦点利众，众人成全。

当我去照耀别人的时候，
我也被别人时刻照耀着。

@小李肥刀

人好刚，我以柔胜之；

人用术，我用诚感之。

愚者用生命成就事业；

智者用事业圆满生命。

小人之交，交于感情；

君子之交，交于境界。

明白一切事相叫作智；

了悟一切事理叫作慧。

当我去照耀别人的时候，

我也被别人时刻照耀着。

明白一切事相叫做智

了悟一切事理叫做慧

成傑 智慧 必評

壬午春日宏偉書

凡人喜欢活在过去之中；

智者喜欢活在未来之中。

无志者，无以生智慧；

大志者，大智慧也。

越学习的人，越有智慧；

越智慧的人，越有福报。

物质终将被人们所遗忘，

唯有精神才能生生不息。

人生最大的财富就是智慧；

人生最高的美德就是慈悲。

所有世间乐，悉从利他生；

一切世间苦，咸由自利成。

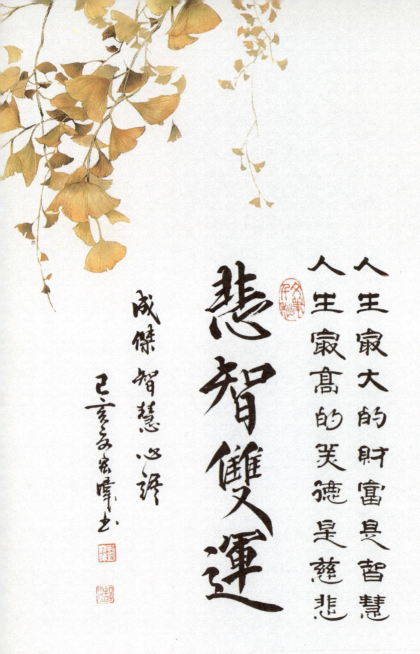

人生最大的財富是智慧
人生最高的美德是慈悲

悲智雙運

成傑智慧必讀

己亥之夏宏霖書

不生烦恼，不足以生智慧；

不入巨海，不足以得宝珠。

年轻不是年龄，而是状态；

年长不是年龄，而是智慧。

智慧者不迷，正见者不邪，

有容者不妒，心静者不烦。

敬畏才能无畏。

敬畏是历练后沉淀下来的智慧。

以希望之心向前看，

以宽恕之心向后看，

以敬畏之心向上看，

以慈悲之心向下看，

以观照之心向内看，

以菩提之心观世界。

圣者随时而行，贤者应事而变，

智者无为而治，达者顺天而生。

学会无净，才能安住内心的平静；

懂得沉思，才能体悟空性的智慧。

愚者的付出，是为了更好地得到；

智者的得到，是为了更好地付出。

放下，

讲的是一个人从内心深处不再牵挂！

无善无恶心之体，有善有恶意之动；

知善知恶是良知，为善去恶是格物。

水洗万物而自清，人利众生而自成；

利众者伟业必成，一致性内外兼修。

爱的净化是慈悲，慈悲的人没有敌人；

爱的升华是智慧，智慧的人没有烦恼。

人生之所以有烦恼，是因为缺少智慧；

人生之所以会痛苦，是因为没有活明白。

以一人之智，超越万人之智，这是高人；

以一人之智，点燃万人之慧，这是大师。

大道

人生有正確的方向
才會有光明的未來

成傑智慧心語

己亥之夏文松堂書

对生灵万物有敬畏的人，才会有慈悲之心，

有慈悲之心的人，才会有大智慧、大福报！

盛喜中勿许人物；盛怒中勿答人书。

喜时之言多失信；怒时之言多失体。

有梦的人生是起航；

无梦的人生是流浪。

君子团结而不勾结；

小人勾结而不团结。

做恶事须防鬼神知；

干好事莫怕旁人笑。

智慧多，烦恼就会少；

心量大，痛苦就会小。

千教万教教人求真，

千学万学学做真人。

知难不难，吃苦不苦。

聪明的人看的是价格；

智慧的人看的是价值。

立事公正，为事公允，

方能不误生命之馈赠。

时间是最伟大的老师，

它能够教会我们一切。

人的一生中，

除了生死，再无大事。

萬般神通皆小術

唯有空空是大道

道與術

成傑智慧心語

己亥之夏嵩峰書

没有不好的人生，

只有不愿改变的自己。

未来没有精神的人，

都会被机器人所代替。

有志者，自有千方百计；

无志者，只感千难万险。

任事者，置身利害之外；

建言者，置身利害之中。

人生须知负责任的苦楚，

才能知道有尽责的乐趣。

善與惡

成傑智慧必醒

喜悦的流露
讓生命的能量增長就是善
引發了情緒
讓生命的能量流失就是惡

有才而性缓，实属大才；

有智而气和，斯为大智。

缓事宜急干，敏则有功；

急事宜缓办，忙则多错。

真善就是对待别人的方式，

不会让他觉得自己渺小。

物质文明奠定了精神文明；

精神文明引领了物质文明。

人生要节约，更要追求品质；

人生要创造，更要追求品位。

贵以身为天下，若可寄天下；

爱以身为天下，若可托天下。

一个索取的人，很难变得富有；

一个付出的人，永远不会贫穷。

人最大的力量，就是来自知；

人最大的无力，就是来自惑。

智慧的父母不是给孩子一个亿，

而是用一个亿培养孩子的智慧。

当我们懂得感恩的时候，

我们的人生就拥有无数个支撑点。

懂得感恩的人，人生会越来越顺利；

懂得感恩的人，生命会越来越宽广。

得到你不该得到的，总有一天会失去；

失去你不该失去的，总有一天会回来。

你想拥有什么，你就被什么所拥有；

你想占有什么，你就被什么所占有；

你想控制什么，你就被什么所控制。

苦难是人生最好的商学院。

给你困难的人，其实是帮助你成长的人。

君子有所畏，有所不为，才能大有作为；

小人无所畏，无所不为，终将难有作为。

我不在影响别人，我就在被别人所影响；

无论是影响与被影响，都在于我的选择。

大道無希

成傑智慧必評

不辯是一種智慧

不爭是一種慈悲

不聞是一種清靜

不辯是一種自在

用努力赚钱的人，所赚到的金钱是有限的；

用智慧赚钱的人，所赚到的财富是无限的。

感恩之心，

离成功、财富、健康、喜悦、自在和幸福最近。

人生最幸福的时候，就是找到梦想的时候；

人生最有能量的时候，就是拥有使命感的时候。

当一个人相信的时候，他就会拥有无穷的力量；

当一个人怀疑的时候，他的能量就会大打折扣。

惠而不费，

劳而不怨，

欲而不贪，

泰而不骄，

威而不猛。

不与君子争名，

不与小人争利，

不与天地斗巧。

用感恩善待生活，

用慈悲善待众生，

用大愿引领人生。

狭路相逢勇者胜，

勇者相逢智者胜，

智者相逢仁者胜。

不看是一种自在，

不闻是一种清净，

不争是一种慈悲，

不辩是一种智慧。

大慈悲，没有敌人；

大智慧，没有烦恼；

大仁义，没有忧患；

大勇敢，没有恐惧。

人生断舍离：

断掉无谓的朋友，

舍弃无用的拥有，

离开负能量的圈子。

三家对比

儒	道	释
入世	出世	出入皆自心
正气	清远	和气
常…	真…	悟…
拿得起	想得开	放得下
而脱	超脱	解脱
智者乐水	上善若水	智道加减
…	玄理…	慈悲度比

有知识，不如有见识；

有魄力，不如有毅力；

有智商，不如有智慧；

有情趣，不如有情怀。

有了物质，那是生存；

有了精神，那是生活。

从善如登，从恶如崩；

行善获福，行恶得殃。

梦想是人生的导航仪，

梦想是生命的发动机，

梦想是生命飞翔的翅膀。

以佛心為我心

以佛行為我行

丁酉年春星雲書

生命智慧的十大法門

生命的擁有在於時時感恩
生命的能量在於焦點利眾
生命的偉大在於心中有夢
生命的強大在於歷經苦難
生命的喜悅在於傳道分享
生命的價值在於普渡眾生
生命的綻放在於內在豐盛
生命的幸福在於用心經營
生命的成長在於日日精進
生命的蛻變在於真正決定

誠傑智慧心語
戊戌年法濱書

生命智慧的十大法門

生命的擁有在於時時感恩

生命的能量在於焦點利眾

生命的偉大在於心中有夢

生命的強大在於歷經苦難

生命的喜悅在於傳道分享

生命的價值在於普度眾生

生命的綻放在於內在豐盛

生命的幸福在於用心經營

生命的成長在於日日精進

生命的蛻變在於真正決定

摘自成傑智慧心語　荊宵鵬書

梦想的三大核心：

1. 我要成为什么样的人？

2. 我要成就什么样的事业？

3. 我要成就多少人的梦想？

梦想的四大标准：

1. 热血沸腾；

2. 不可思议；

3. 奋不顾身；

4. 不枉此生。

三我人生：

1. "有我"时患得患失的人生；

2. "无我"时看透放下的人生；

3. "忘我"时心无挂碍的人生。

精神源自思想，

思想源自信念，

信念来自经历和体验。

知而不行，不为真知；

行而不知，不为真行。

知中行，行中知，知行合一。

人生就是一场体验的盛宴，

生命就是体验的总和，

人生设计什么都不如设计体验。

相信是万能的开始。

越信就越相信，越相信就越信！

越容易相信的人，越简单；

越简单的人，变化越快。

总有一天，你会怀念今天。

人生少走了弯路，也就错过了风景，

无论如何，我们都要学会感谢经历。

何为善恶？

喜悦的流露，让生命的能量增长就是善；

引发了情绪，让生命的能量流失就是恶。

21世纪是"教育+"的世纪。

药品能够治愈一个人的身体，

教育能够疗愈一个人的心灵；

化妆品可以滋润一个人的肌肤，

教育可以滋养一个人的心田；

家居可以让家庭变得更温馨，

教育可以让家庭变得更有温度；

餐饮可以给人们带来美味的佳肴，

教育可以给人类带来智慧的盛宴。

巨海新十年：从优秀到卓越

成杰和巨海已经是培训界的名片与风向标。

10年向前奔跑，巨海证明了一种可能性：无论外部环境如何变化，市场竞争多么激烈，只要坚持初心，做正确的事，终会迎来自己的星辰与大海。

在追求卓越的路上，一个男人和一家公司究竟要经历多长时间，迈过多少坎，才能磨砺出成功者的光芒？

2018年12月18日，巨海集团10周年庆典上，巨海集团董事长成杰站在舞台上深情回顾巨海集团创立10年的发展历程。台下，数千名来自全国各地的企业家学员和巨海员工，聚精会神，一起聆听这贯穿历史与未来的心跳声。

时间是玫瑰，更是坐标。

巨海10年，从5个人的创业团队发展到如今近1000人的精英团队；从一家分公司发展到百余家分（子）公司。10年，成杰在全国各地累计演讲超过4500场，听众超过百万人次，帮助十几万名企业家提升经营管理能力。**毫不夸张地说，纵观整个企业培训界，成杰和巨海都是名副其实的旗帜。**

事实上，企业培训一直是一个野蛮生长、泥沙俱下的行业。但巨海这家发轫于上海滩、风行全国的公司，却能够在一片红海中杀出重围，成为课程价值和口碑俱佳的明星企业。

巨海凭什么？

解读今年37岁的成杰和他一手创办的巨海，应该将其放在中国经济快速崛起的大环境里，以及如何帮助中小企业找到持续发展动力的大追问中。

少年、大山、梦想

人生有三样东西别人拿不走：一是吃进肚里的食物，二是读进大脑的书，三是藏在心里的梦想。

成杰永远记得年少时与父亲扛着锄头下田种地的情景：父子俩脸朝黄土背朝天地辛勤劳作，歇息的时候，父亲喝上一口水，然后点燃一根香烟。而成杰坐在一旁，抱着一本《汪国真诗集》埋头低吟，眼睛里闪着光。

父亲当了一辈子农民，告诉成杰种地是一家人的命。但成杰不信命，他说，命是把握在自己手里的，是自己创造的。父亲听后沉默不语，他心里明白，祖祖辈辈生活的大山，终究阻挡不住儿子远大的志向。

汪国真说，既然选择了远方，便只顾风雨兼程。那年正月十五刚过，19岁的成杰揣着560块钱走出大山，决心用双手和汗水打拼一个未来。绿皮火车外，终于不见老家西昌的崇山峻岭，成杰探出头从车窗眺望，远方茫茫无际。

那是2001年，市场经济的大潮正涌动神州。李书福拿到了第一张民营企业造车许可证，任正非发表了著名的长文《华为的冬天》……

对于刚走出大山的成杰来说，外面的世界满目生机，他相信爱拼就一定会赢。"打拼"是一个伟大的动词，这在把吃苦当作财富的成杰身上，几乎是贯穿始终的经历和态度。比如，辍学后为了给家里增加收入，他开垦了30亩荒山，种了1200棵石榴树；又比如，他做过餐厅服务员、流水线工人和空调安装工，即便是每天只能拿5块钱工钱的时候，他想的依然是出人头地。

《商界》记者后来问成杰，到底是什么东西让他这样一个出身贫寒的少年，逆袭成为受人尊敬的企业家和企业家导师？**成杰的答案是：学习。**

在那些苦苦谋生的日子里，成杰始终没有丢下书本。他白天当工人，晚上摆地摊卖书，一有空隙就如饥似渴地阅读各种名人传记和报纸杂志。他深谙一个道理：知识改变命运，学习是最好的"转运利器"。

如果说走出大山是成杰主动改变命运的第一个转折点，那么2003年7月17日就是他人生的第二个转折点。那天，一场演讲让成杰深受震撼，演讲者的魅力、听众的掌声、现场的氛围，触及成杰的心灵深处。演讲对人的激励，知识对人的启迪，让成杰下定决心进入教育培训行业。

为了能成为一名合格的讲师，成杰疯狂练习演讲，不放过任何一个练习机会。他到大学和企业进行免费演讲，8个月的时间，一共演讲了640场，最多的时候一天讲7场。

那些改变行业的人，总是以一种特殊的方式登上历史舞台。当时的教育培训江湖并不知道，这个叫成杰的年轻人将在日后改变行业格局。

旧十年，那门开向大海

上海滩从不缺乏传奇，更不缺乏大亨。黄浦江自西向东，流过十里洋场和码头风云，最终导入长江，汇入大海。

成杰人生的第三个转折点就是从上海开启的。为寻求更大的事业空间，2006年11月15日，成杰前往上海发展，并通过持续努力，渐渐闯出了名气。两年后的2008年10月，成杰创办巨海，名字寓意巨龙腾飞，海纳百川。那一年，风雷激荡上海，大风穿越南京路的清晨和外滩的黄昏，最终化作巨海昂扬向上的疾风动力。

10年，巨海从培训界的新军一跃成为标杆企业，已在全国拥有100多家分（子）公司；从一堂培训课只有几十名听众，到一场聚集上万名听众；从一堂课几千元的营收，到上千万元的营收……成杰和巨海已经是培训界的名片与风向标。

过去10年，巨海之所以能取得如此成就，究竟做对了什么？

在成杰看来，是正确的战略让巨海走到了今天。过去10年，中国经济处在高速发展期，正好处于改革开放30年迈向40年的阶段。这10年既是大国崛起、市场经济逐渐走向成熟的10年，也是人心思变、追求财富梦想的10年。**而巨海踩准了节点，进入了一个刚需和趋势性行业——针对企业的教育培训。**

要知道，中国有数千万家中小企业。很多老板都是洗脚上田，半路出家，缺乏专业的经营管理和能力，当企业发展到一定阶段或者遇到外部挑战的时候，发现能力不够，亟待学习。这种巨大的市场刚需给巨海提供了生存发展的红利与土壤。

在这个过程中，成杰和巨海从三个关键方面突破：**产品、团队和商业模式，以此形成核心竞争力和护城河。**

中国有15万家教育培训企业，堪称红海一片。成杰深知，在刺刀见红的市场，没有竞争力就没有生存权，因此巨海的课程产品一定要有杀伤力。什么样的产品才具有杀伤力？成杰给出的标准是，能够提供核心价值，帮助和影响客户成长。

多年来，巨海一直专注产品开发、迭代和升级，打造出了《商业真经》《为爱成交》《领袖经营智慧》《演说家传承人》《演说智慧》《打造商界特种部队》《打造冠军团队》等一批爆品课程，风行企业界，帮助15万名企业家提升管理能力和领导魅力，改变了很多企业和个体的命运。曾有一位企业家学员，把巨海的一门课程反复听了80次，因为他觉得每听一次都有全新的收获。服装巨头波司登曾邀请成杰对公司2000位高管团队进行培训，提升管理能力，结果当年业绩大幅提升。巨海集团副总裁、团队建设专家秦以金老师更是连续3年深入波司登内部进行培训和授课，帮助学员树立正知、正念、正行、正能量的思维模式，对其团队凝聚力和企业文化建设起到了很大的作用。

就像成杰所言："巨海在市场的波澜壮阔中总结出了很多行之有效的方法，可以解决企业家们的实际困难。我们每天都在市场的一线，时刻都在经营企业，是真正的实战派。"

在团队打造方面，巨海发自内心地去培养人才，成就人才：成立"巨海成长突击队"，每天早上7点到公司学习成长，日日精进；"巨海108将·企业家讲师"培养计划，打造名师团队，除成杰之外，如今巨海已经拥有以秦以金、孙宏文、李玉琦、张涛、孙蔚、丁海燕、高京生、胡月洁、董道、何勇等为核心的明星导师团队，他们大多数从事教育培训10年以上。

在商业模式方面，巨海秉承开放心态，跟员工合作，跟客户合作，跟市场合作，跟同行合作。巨海通过个人合伙人与城市合伙人的方式做大做强，在各地成立联营公司，快速复制巨海总部的产品和管理体系，强势扩张。

成杰对企业的成功总结了一条普适性的定律：**在对的时间和空间，与对的人一起做对的事**。从某种角度而言，这条定律也在巨海的前10年得到了充分的呈现与印证。

永远保持向前的姿势

超级演说家、企业家导师、青年川商领袖、慈善家、畅销书作家……成杰扮演的角色众多，却很难用精确的标尺去定义每种角色的社会影响力。

做超级演说家，他可以面对万人激情澎湃、挥斥方遒、演说三天三夜，激荡心灵、启迪灵魂；做企业家导师，他字字珠玑，春风化雨，努力去影响人、成就人；做青年企业家，他把巨海办得风生水起，成为中国教育培训界的佼佼者；做慈善家，他常年奔走于贫困山区，立志用毕生的时间和精力捐建101所希望小学，让上不起学的孩子有书读；做畅销书作家，他著有《日精进》《商业真经》《为爱成交》《大智慧：生命智慧的十大法门》《从日薪五元到亿万身家》《一语定乾坤》等励志畅销书，用自己的学识和创业故事去鼓舞更多的人。

一个人的坚持，终究会影响更多的人，从一个人内心深处流出来的真情，也是可以流淌到另一群人内心深处去的。成杰的功成名就其实是一个赤脚少年在风雨中勇敢奔跑的故事，只不过步伐足够坚定，方向足够正确，所以才带动了越来越多的人加入奔跑队伍中。

这些人当中有成杰的巨海智慧书院学员、巨海的企业家学员、巨海的员工、外部合作伙伴以及受其影响的无数普通人。

比如曾经的舞蹈演员、美发连锁品牌老板秦以金，因为一堂课深深折服于成杰，继而拜师学艺，经过多年磨砺出师，成为企业培训金牌讲师，是成杰口中最有"巨海魂"的人。

比如服装行业的"老江湖"王哲，把巨海的课程体系引入自己的企业，提升整个团队的执行力和凝聚力，使企业连续两年实现了50%的业务增长。后来，王哲有感于巨海为企业带来的切实改变，也认同巨海的理念和目标，于是成为巨海广东合伙人。

又比如建材行业的女企业家张红梅，在行业销量下滑、利润降低、资金周转困难的"至暗时刻"，一度陷入消极状态。走进成杰的课堂之后，关于企业文化和管理的课程给她带来了很大的启发，而成杰所倡导的大爱情怀，更是感染了她，让她找到了生意与人生之间诸多问题的答案。张红梅从此改变事业赛道，从一名建材商人变成了企业培训导师，并接手巨海重庆分公司。

影响值得影响的人，成就想要变得杰出的人。站在演讲舞台上的成杰，用魅力和学识让更多人"成杰"，而舞台下无数个"成杰"已经成为推动商业社会进步的中坚力量。巨海正在用梦想和使命感改变世界。

新十年，向伟大出发

成杰最喜欢的数字是10，它代表圆满、归零和重新出发。他认为，人们往往会高估1年能做到的事，却往往低估10年可以完成的梦想。成杰用10年时间，让巨海从平凡走向优秀，他立志再用10年时间，让巨海从优秀到卓越，再从卓越变得伟大。

《商界》记者问成杰，如果有危机，巨海的危机感来自哪里？换句话说，巨海的下一个10年如何巩固自己的护城河，又如何自我革新？

成杰打了个比方：讲好一堂课很难，持续地讲好课更难；成为冠军很难，持续成为冠军更难。在他看来，如果企业总是沉迷于过去的辉煌，不能自我变革，不能从成长走向成熟，那危机就会很快到来。巨海的下一个10年，成杰在顶层战略设计上，主要从四个方面发力：

第一，公司平台化，工作市场化。巨海不再是一家单纯的培训公司，而是集教育培训、在线教育、图书出版、经营管理、影视制作、项目孵化等多种综合服务为一体的平台。同时内部孵化的项目将以公司化的方式独立运作，对内服务于公司，对外进行市场化运营并实现盈利。

第二，实施"教育＋"。巨海将通过教育培训下沉到各个垂直细分领域，和行业深度结合，比如"教育＋美业""教育＋服装""教育＋餐饮""教育＋建材"等。一方面可以开发更加垂直更具实战性的课程产品，另一方面可以进入一些实体项目进行战略投资。

第三，打造"巨海在线商学院"。巨海将帮助用户实现延伸性的在线学习，提升顾客价值，并力争从"线上为线下服务"逐步过渡到线上独立运营。

第四，把世界大师的课程引进到巨海。巨海与"世界销售大师"汤姆·霍普金斯、"世界领导力大师"约翰·麦斯威尔、"世界励志演讲家"尼克·胡哲以及多位世界知名企业创始人合作，打造巨海"世界大师国际研讨会"，为企业家学员提供高附加值。

　　成杰说，巨海永远不为自己设置发展的天花板，也没有边界，而是将继续肩扛"客户价值，同仁荣耀"的使命，朝着"打造中国最具正能量的教育培训机构"的愿景奋斗。对于成杰而言，这个世界本没有传奇，能够肩负使命、奋力前行就是一种伟大。

巨海新十年

简介 INTRODUCTION

上海巨海企业管理顾问有限公司是由成杰老师创办于2008年10月，从上海一家公司发展成为百余家分(子)及联营公司。

巨海集团是一家集巨海商学院、巨海智慧书院、巨海管理干部商学院、未来领袖商学院、企业实战管理、领袖魅力演说、企业内训、顾问式咨询诊断、巨海演说家论道、领袖论坛为一体的企业管理顾问与咨询机构。巨海公司以"帮助企业成长，成就同仁梦想，为中国成为世界第一经济强国而努力奋斗"的使命为己任，立志打造"中国最具正能量的教育培训机构"。

巨海集团荣获2010年度"中国十佳培训机构"和"中国实战管理培训最具影响力品牌"荣誉称号；荣获2011年度"中国管理咨询行业最具竞争力品牌"和"中国管理咨询行业最具竞争力十大品牌"荣誉称号；获评2015年度"中国文化管理协会培训委员会副会长单位"。

巨海集团聚焦研究企业发展，整合各行业有价值、有前瞻性的企业经营管理资讯，从领导力、公众演说、管理运营、团队建设、营销策划等方面帮助企业全方位成长，协助企业进行更有效的管理，提升全员职业化素养，打造职业化团队，从而提升企业核心竞争力。

巨龙腾飞，海纳百川。巨海，是一个聚焦天下英才的舞台；巨海，是一个创造奇迹的事业平台；巨海，是一个拥有使命感与崇高愿景的成长型企业。我们始终致力于：为同仁搭建更具成长性的事业平台，为客户提供更具实战性、实效性、实用性的管理培训。

巨海集团宣传片

日精進·道心卷

解说经典语录 传承人生智慧

2018年10月，《日精进》图书在全国首次公开发行。为了帮助、影响、成就更多的生命。成杰老师将从成长、演说、领导、境界、心法、智慧、幸福七大维度，选取《日精进》经典语录进行深度解析，并录成60集音频以飨广大听众，宣扬日日精进之玄机，揭秘如何快速实现人生的全方位成功！

日有所学，月有所获，年有所成。每天进步一点点，就是迈向卓越的开始。不积跬步，无以至千里，不积小流，无以成江海，无一日不成长，无一日不精进，势必攀登人生的顶峰。

《日精进·道心卷》音频

日精進·初心卷

2017年底，《日精進·初心卷》书稿初成，经过两年的反复修改、打磨和润色，2019年12月，《日精進·初心卷》图书正式出版发行。同时，巨海集团、巨海商学院，再次从线下到线上，选取《日精進》部分经典语录，出品制作了《日精進·初心卷》音频课，与新书同步面世，以供用户配套学习。

日日行，不怕千万里；

常常做，不怕千万事。

人生可以不成功，但不可以不成长。

当我们把学习、成长、精進和自我超越变成一种习惯的时候，

我们的生命就会拥有一种向上向善的力量。

而这种力量也会在无形中引领我们进入丰盛大美的人生轨道。

《日精進·初心卷》音频

商业真经

　　《商业真经》是一套颠覆传统思维的商业课程，是一场汇聚万千行业翘楚的商业盛宴，更是一部引领时代潮流的商业圣经。始于商业，又不止于商业。它解密商业之道，参悟人世哲学。从学习篇、能量篇、经营篇、演说篇、商业篇和智慧篇六个维度全面解决企业家的商业经营痛点，提升企业家的领袖魅力、公众演说能力、团队建设能力、企业文化软实力……助力企业发展腾飞！

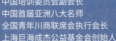

主讲老师

成杰

巨海集团董事长
中国培训委员会副会长
中国首届亚洲八大名师
全国青年川商联席会执行会长
上海巨海成杰公益基金会创始人

成杰老师宣传片

　　《商业真经》至今已开设300余期，直接帮助企业家15万人次，间接影响上千万人，成为当代中国企业家必修课。无数企业家在此学习、成长、精进、绽放、蜕变，遇见更好的自己，观商海风云，取智慧真经！缔造人生传奇，创造商业神话！

《商业真经》
在线视频课

为爱成交国际研讨会
一切成交都是为了爱

|主讲老师|
成 杰

《为爱成交·国际研讨会》是一场汇聚国内外销售大师、行业顶尖的千人巅峰盛宴。在这里，你可以与世界第一销售大师亲密接触；可以掌握现场销售、成交、狂销热卖的行销秘诀……火爆的授课现场，顶尖人脉的高能量磁场，你绝对不能错过！

演讲式销售六大核心：

1 | 信任：销售就是建立信赖感——建立信赖感的 9 大步骤是什么？
2 | 观点：与产品价值密切相连的观点——我要讲什么？
3 | 故事：感动自己、震撼听众的故事——你为什么要听我讲？
4 | 利益：客户为之行动是因为对他有好处——我讲的对你有什么好处？
5 | 损失：如果客户没有拥有，会给他造成的损失——你为什么要向我买？
6 | 利他：客户觉得不可思议的方案——你为什么立刻、马上就要向我买？

世界500强企业成交的秘密武器,最有效、最实用、最权威的商业销售系统

好的沟通让成交顺其自然！

1 | 如何设计无法抗拒的电话行销策略？
2 | 如何立即掌握顾客关键需求？
3 | 如何准确甄别顾客购买意向？
4 | 如何与客户建立永久性信任关系？
5 | 如何在交易中谈笑风生、充满自信？
6 | 如何根据顾客的抗拒点进行无懈可击的说服？
7 | 数百位亿万富翁的催眠式说服技巧是什么？
8 | 让客户回心转意的三大法宝？

没有成交，一切为零！

1 | 世界上最伟大的七大成交法则是什么？
2 | 如何设计话术让对方自觉配合、迅速成交？
3 | 如何准确抓住客户心理、有针对地解说产品？
4 | 最权威的顾问式成交系统是什么、如何操作？
5 | 避免降价达成协议的致命绝招是什么？
6 | 如何在成交中时刻把握主动权不被客户牵着鼻子走？
7 | 如何反思客户拒绝你的原因并进行绝地反击成交？
8 | 如何巧妙获得客户转介绍？

《为爱成交·国际研讨会》
在线视频课

"巨海商学院"是巨海集团旗下的在线学习平台，是帮助用户养成学习习惯的学习型社区。巨海集团董事长成杰老师携巨海团队精心策划研发、深度提炼、精华解读，让你利用碎片时间获取高浓度知识，成为你的在线加油站。视频、音频、图文……让你用喜欢的方式来学习。晨起、睡前、通勤路上……每天10分钟，让你遇见更好的自己。巨海商学院，让学习成为一种习惯！

日精进　　　　　　　　　　音频课程

视频课程　　　　　　　　　学习资讯

巨海商学院APP上线啦

让学习成为一种习惯

扫码立即下载